EASY SUDOKU

I0477570

SUDOKU 1

	7	9	4	8			3	
2				6			5	
						9		4
	8	2	5	1		6		
	6				4	2		
							4	1
			3		6	8		
8		3					7	
						3	2	

SUDOKU 2

5	4		9		3	1		
1	2			7			9	
		9						
	7		2		4	5		1
		3	5			9		
2			7			4		
	9	4		5			1	
7								
	5	1	8			7		4

SUDOKU 3

1	4					2		
3		2	8	1				
	7	8						1
						7		
5	8		1		7	6		3
7	2		5		3	1	8	
				9	2		3	
8		7	4	3				
			7		8	4		

SUDOKU 4

		3			9			
	8							4
	6			5		3	9	7
	9	1	3			7		
6				1	4		8	
	4	7		9	6			3
				4				1
		6			1			
	1			3		4	6	9

SUDOKU 5

3	2				9	1	5	
5		4	1	3		7		6
	7	6	4	5			2	3
	6		2					
				9				
4		2			7		9	5
				2		5		
			7					
8		9			3		7	2

SUDOKU 6

5			2	3		9	4	
	4							
		9						6
		3						
4			1	9		6	3	
	9				8			
	7	5	6	1		8		4
3			5		9		6	7
	1	6		8	4	5	9	

SUDOKU 7

8	6					2		
2		9		1				6
	5	3		2				9
9		6	5					
3	2			4				7
	4	5		9				1
	8	4	9				6	
1				6				3
	3	2			1	9		

SUDOKU 8

	6		2		4	3		
3	4				6		9	
	1				3	7	4	
1		9						
	3							5
		4	3			6	1	8
6				4		1	8	9
					7			4
			8	3				

SUDOKU 9

6					8	1	2	5
			3		1		8	
1		8				9		
						6	5	7
				5	4			
8				6			9	
9	4							
	6				2	8		
						7	6	9

SUDOKU 10

						9		
	7		3	2				
5			8	6	9			
		8						3
7	2	3					8	
	6					2	4	5
				4	6		9	
			2	3	8	1		
1								

SUDOKU 11

		9						8
	5							
6			4	3		9	5	
3			6		9		8	7
	2	8		1	5	6	9	
	7	6	8	2		1		5
		3						
5			2	9		8	3	
	9				1			

SUDOKU 12

				7	5	1		9
2	8				3	6		
9		1			6	5		
			1		9			
		8	6			3		
6	3	9		8				
8	9	3						2
						9	8	
	4				8		5	

SUDOKU 13

			1	2				
						9	7	1
4			7					6
				5	8			4
5	4						6	
7				4		1	5	3
		7		3			4	
						6	9	7
6		2						

SUDOKU 14

			7	9				5
	5	8	1		3			9
	7	9		5	6			
	8	3	9				5	6
	1	5				7	9	
			3			2		1
	9					1		
5	3	4			7		6	
		1		3				

SUDOKU 15

7	6				8			
3	4	5		2				
							2	
	5	4						9
				8				
8	7	3					1	
					3	4	9	5
			1	5	6			7
			4			3		

SUDOKU 16

				5		1	7	
9		1			7			
		7	8	1	2	6		
						5		3
			5	4	6			
		2		7				6
			4	6	8			
	8	3						
	6				5	7		

SUDOKU 17

	9						2	4	7
				2				
		3					1	5
7			5					
5	3	1			7			
		4	9	1	8			
				6		7	5	1
	6							
					2	4	8	

SUDOKU 18

	9		1					
2		6						
		1	7	3	2		4	
							3	7
6			2	4	3			1
			8			6		
5	1			6		4		
	6			9	1	3		
	4				7	1	6	

SUDOKU 19

		6		4	9		5	7
9	7							
		2		3		1		
	4		3		6			
		5				4		6
	6	1						
	1		9				3	
	3			8	2		4	1
8		9						

SUDOKU 20

			8		6		1	9
8			9	5			7	2
2				1	4			
	6		5			9	2	3
					1		8	
		2						1
	5	9					6	8
6		8		9				
1	2			8			9	7

SUDOKU 21

1			4	5		6		
4	6		1					2
7			6			8		4
	7	2						
		4		6		1	9	7
6							3	
			8				4	
	1				4	7	2	9
				9	6			

SUDOKU 22

						5		
8	4			5	1		7	
		3						4
6		4	2	1			5	
	3	7		4	6	1		8
1	8		7		3	6		2
			1			4		
								7
9	5			7	4		6	

SUDOKU 23

7		4	3			9		
3			5	7		8		
9				6		7	3	
	7		8	2	6		9	
5					7			
	3	2						
							8	6
					1	3		
		3	9	8	2			7

SUDOKU 24

		4			9			
2	9	6		3			5	
	7					4		
	2	8	4	9				7
			3		7			2
	3	7		5	2			
			9			1		4
	8	9	7				2	5
	4	2				3	7	

SUDOKU 25

6			8				9	
						6		7
	2	7	5	9			8	
						9	1	
8	1						5	
				1	5	4		
		8			9	2		
							3	6
	6	5	4	3		1		

SUDOKU 26

					7			4
5				8		2	9	3
		3				7		
3	7		4			6		9
	5	4	9					
8		9				4		5
				4	5	9		7
	3		7		1			
	4		8	9		3		6

SUDOKU 27

		1	8	2				4
2					4	7		
	7		6	5			1	
7			1		8	4		
		8		7	5			
1			2	3		8		
9				8	2	6		
4			3	6		1		
			7		1		3	

SUDOKU 28

7		8						
						8	6	1
		6	3			2		
						6	1	2
4					6		3	
			2		7			
			9	3			2	
3			6			4	9	8
9	5					3		

SUDOKU 29

	8	4	7	6				5
	5	1	3		4			
				1	5			4
				7		9		6
	7	8		5			4	3
	4	6				1	5	
	6				7			
		5					6	
4	2	7	1				3	

SUDOKU 30

6							8	3
				7				
		7				2	5	9
8	1	9			3			
5			2	4	9			
	2		5					
					4	9		2
				1		3	6	5
		6						

SUDOKU 31

2			1	9	3	8		
	8				4			
6		1						
	2	8	6				9	
	9			8		7	2	
	1		2	5			8	
						3		8
					2		5	
		9	3	1	6			2

SUDOKU 32

						3	9	5
7		3						
9				6				1
		1	9				3	
						5	2	9
			2	7				
				8	4		1	
		9		1		2	6	8
	1	8						3

SUDOKU 33

						6	4	
		5	4	8	9	3		
					3			7
6					1			
	9	8						
	3		8	5	4		6	
8			3	7				6
5				6			2	3
3		6	9					5

SUDOKU 34

	7							2
1	8	9					5	
2						4	9	7
			6	5	2	8		
		6						
				9	7		4	
6			5	1				
		3	2	7	9			
						3		

SUDOKU 35

					8			5
2							8	
	7			4		3	9	2
5		7	3					
	2	8	5				6	3
3	4						5	7
				5	7		3	8
		5	4	3			2	6
		2	8		1			

SUDOKU 36

2			7		4	5	1	
3				8			6	
	5	7						
		1				2		6
8		2						
4			2	1				
		6	8		1	3	9	
		8			6			5
5	9							

SUDOKU 37

7		1	9		3			
9		4		2	5		1	
			1	7			9	
		2	5					
5	9	6			7	3		
1								2
				5			2	8
2		9				1		7
4		5		1		9	3	

SUDOKU 38

3	1		2	9		8		
9	5				3		1	
		2						
		6	9			2		
4			5			1		
	2		1	3		6		9
	9	1	3			5		4
5								
	6	3			5		2	

SUDOKU 39

	3					6		
		8	6	2	3		1	
				5			4	
		6	5	3	1		7	
		5		7				
	7					1		
6			2			7	3	
	5	7			4			1
	1	3		6		2	5	

SUDOKU 40

	9						4	
1	3	5		4				2
						1		6
3	6	1	2			5		
	2				8			
			4	3				
2		8			4		1	
		4		7	2		5	
6					5	4	2	

MEDIUM
SUDOKU

SUDOKU 41

						6	8	5
			2	3	5			
1			7			5	4	
	3		4				2	
				2	8			7
	7				1	2		
		2	8		4	9		
				6			1	4

SUDOKU 42

8					5			
		6	3				7	
		2	7	1		5		
	6	7	5		8			
4								
	3	8				2		9
7						6		
	2				3		8	5
	5			2				4

SUDOKU 43

		8		4			9	
			6		1	3		2
6	2		9		8			
	3				2		6	
9								8
					7	4		3
	5					2		
		3	8					1
1	9		3					

SUDOKU 44

3		7	9					
			3			6		5
	4		2					9
				6	9			1
1	8							2
						3	4	
		8					5	7
		5		4				3
		4	1		5			

SUDOKU 45

7								
	2	8	9		4			
	5	1				8	6	
	9			8	6	2		
	6				7			9
1			5					
		9	6				1	3
		5		1			2	
8						6		

SUDOKU 46

					2			
	6							
3			1					
		8		6		1		
	4		7		3	6		
2	7			4		9		
		2	6		7			4
6	5				9			8
		7		3				9

SUDOKU 47

					7			8
	1		8		5	7	4	6
		9						
						4		
5	4							3
				2	9		7	
	6	7			4	5	8	9
			7					
	8						6	

SUDOKU 48

		6		5			3	2
5			2	9				
8	1							
		7						4
	6		1			5	2	7
					8			6
			4	7				
		1			3	2		8
2	9			8				

SUDOKU 49

		2			9			5
	3			5	7			1
		5	3			4	7	
1	9			7				2
		8			4			7
		7	1		8	9		
		4	7			3	2	
6	8			9				4

SUDOKU 50

			9			7		
8		1		6	2		3	
	5		4			6		
	1		2			4		
		5			9		2	
4	2			3	6			
1	9		8	2		3		
		3			4		5	
		2					8	

SUDOKU 51

					6		5	
		9	8		7			
		3		4		7		
6					2			7
			3			1		
7						5	2	
4		2	7		3			
5		6				3	4	
	8			5				6

SUDOKU 52

7	1							
		3	2		8		6	
	8					9		2
					7		1	
6			5	2	1	4		
		8			4			
2	9							5
							6	8
		5		3	2		4	

SUDOKU 53

	6			9			1	
		4	7	6	8			
	9		1		4			
3		8						5
1						3		8
		9				1		
	7				5		8	
			4	3			9	
			8	7	9	2		

SUDOKU 54

		8	7				6	
7		6				5		3
	2			6				1
	6			4				
8		1	5			6	4	
	5			2				7
4	8			5		3		6
		2	3				7	
			9				1	

SUDOKU 55

	7		9					2
8		5						9
			6	1				5
3			8		6			
6			5			7		
7							6	4
			4			1	9	
	3	4	2					
				5	7			

SUDOKU 56

	7		6			1		
	5	6	8				9	
9				5	2	6		
		7	2				3	4
5				1	9	2		
		5	1				7	8
8	3				7	5		
	2		5			3		

SUDOKU 57

7				2		3	5	
5			9				6	
	6	1						7
6	9	3						
						8	1	3
	8						2	5
		2	7			6		
1		5			6	4		

SUDOKU 58

	2			7			6	
	5			9				
		1	8		2	4		3
		4						8
		6	7					1
	1			4	8	3	9	
			2		1	7	8	
		8	9					6
	7			8			3	

SUDOKU 59

					8			5
	5			1		9	4	
		9		6		3		
7			5				1	
5		8	1					3
	6				9			
2	1		3	8				
					7			
			6	9		5		8

SUDOKU 60

		8		6		4		
			4		9			7
	1			7		6	5	
						9	2	5
			8	4	5			
			2			1		6
		7			1		4	
4				9	6		3	

SUDOKU 61

7	9			8	1			
		6	2					3
3	2					9	1	
	3				7			8
	8					7	2	
				1			5	
					3	2		
4				6	8			
1			9				8	

SUDOKU 62

			6	5	1			7
	9			4			5	
			9		7		4	
3						8		1
		9						4
1		8				9		
	1				3		6	
	4		7	8				
		2	1	6	4			

SUDOKU 63

	4		9	7	5			6
				6				8
	6			1				
	8				4			1
		9		2		6		
4		7				3		
3				5			2	
	2		7					5
6						1	4	

SUDOKU 64

				9		1		5
1		4			6		9	
			8	2				
3	9	1	6				8	
7					3			
6							2	
			5	1				2
							7	3
	2	1			8		4	

SUDOKU 65

9		1			4			
	8				3		4	
					9		7	6
						8		9
			4	6			2	
2	5						3	
		7		8			9	
		8	7		2			
		5				7	1	

SUDOKU 66

	4		9					1
7					5			
	1		4	8		6		
		1			4		7	2
8						4		
		5		7			6	
	5	7				8	4	
9								
	6	8	3		1			

SUDOKU 67

			4			2		8
				5				
5	7				6			
							4	
9			1					
1		4	9	7	8			5
					9			4
		8						
3			5	4	1		9	7

SUDOKU 68

7			5				8	
8				3	4			
3							2	1
			9	6			7	
						5		3
	8	1					6	
					9	2	4	
		5			2		3	
6	2				5			

SUDOKU 69

	5		4				1	
		2	9	5	1			
	9			6	3			
5		3						8
4						5		3
		8				9		
			5	1	7	6		
	8				9		7	
			6	8			9	

SUDOKU 70

5	9						6	2
		8			1	7		
1	7		2	9				
2			6			9		
				7				1
4							8	6
			3				2	
	1				6			5
	6		7	5				

SUDOKU 71

7	4				1		2	9
		3	6					
		5	4			8		
		7	5			9		
3					7			8
4	1					7	5	
				2				7
5				8				1
	7	2	1			3	9	

SUDOKU 72

	8				5		7	
			9	4		2		6
4		2	8	7				
7						8		
			1			6		5
		6	2				4	
	6			8		9		
9		7		6				
		3						2

SUDOKU 73

	3	5		7			2	9
					9			
			1					
6		7			8		4	
2				4		1	9	
	1							8
3	7			5		9		
		2					7	
	9		3			5		4

SUDOKU 74

	1		3					
							6	
		8	4	1			7	
3		5	2					8
								4
		1			7			
5		3	8				1	
		4	1			8		
		7	5	3				9

SUDOKU 75

2			9			4		7
	6	3	5		7			
1				2	3			
		6			9			3
				4				
7			3				8	
			2	3				9
			1		4	3	6	
9	3				6			8

SUDOKU 76

	6	3		9			7	1
4	2				1	9	8	
1			6					4
		9			7	4		2
		1					3	
				3			1	
	1					6		
9		5		1		7		
	3			5				

SUDOKU 77

8	9	2						
						8	4	7
6		4			2			5
1			3					2
	7					6	1	
		3		1			6	8
		6	9				2	
4	2					3		

SUDOKU 78

	6		5					
		4		6	1	7		
8		3			7			5
								1
							6	
9	2		1		4	8		
	1		7	9			2	
	8	2		1		9		
4					8			

SUDOKU 79

6			8			9		
3				4	1	7		
	2	4		3		6		
2			4				7	
	7			5	6		8	
	4	6	1				3	
	1							
		9			2			
				6				

SUDOKU 80

		4		6		1		9
6		3			1	4		
	7						3	
8	3		2				9	
7					9	5	4	
		5						2
			4					
	1	6			3		7	4
				5				

HARD SUDOKU

SUDOKU 81

	8	4	5	3				2
		6					3	
1			6					7
7		8	4		3		9	
			1					4
		5		2			7	
5					8			3
	9			4			6	

SUDOKU 82

		5	8	2				
			6			2		
	2				9		6	
		2			8			
	1		3		7		5	2
6		3		5		8		1
		6		8		7		
5							1	
1	7				3			

SUDOKU 83

	2	5			6	4	3	
	1	4		2		7	5	
		6	5			1		
		1		5	9		4	
							6	
	7				4	2		
	5			1	2	8		
		8		3			7	
	4							

SUDOKU 84

4	2		8	6			9	
8	7		2	9				1
6			1			2		
5				2			6	9
				8				
	4		5				7	
9				4				8
	1							
	8		6				2	3

SUDOKU 85

				9		7	8	3
3	2			1	4		7	6
8	9			6	3		2	4
		9	4	7				
		3			8		4	9
	5				6			
		6				4		2
7							9	
		2		4	9		6	

SUDOKU 86

		1	6		8	9	3	2
				1		5		
		6		3			1	8
6		9		8	3			
	4						6	3
			2				5	9
	8	5			6	2	9	1
1						6		
2					1		8	7

SUDOKU 87

	7	6		2		5		3
		4			3			1
	3				4			
7	6		2		8		9	
5			3			7		
	4					6		
	2		9	5			1	8
					2			7
			4			9		

SUDOKU 88

	2	7	1			9		
1				8			2	3
	6		5					2
		4		3				
8		9					5	4
	8	5				6		9
			4					1
		1		9			7	

SUDOKU 89

	2			6		4		9	
		1			3	2			4
		5		7		9			6
6		2		7				1	
3		1		2			7		
	7	9		6			2		
		8	3				1		
						4			
1					6			7	

SUDOKU 90

7				2	5	3		9
	3			6		4		
	9							8
	4	6	2				9	3
		1			6		8	
					8			6
	7			8				
		3			2			
1		5	4	7				2

SUDOKU 91

9		7	8	5		3		
	6			4		1		
4								8
5			3					1
				6		9		
7	1			9	8			2
		2	9					4
	5				7	8		

SUDOKU 92

9		1	6		8		3	
		4	3			6		
6		2	1		4			8
		5			6		8	4
2			5					9
					1			
3								
		8			2		1	
1			4				7	6

SUDOKU 93

8	7		9					
			1	3			8	
2		3				7	4	
7				1			9	
5			3	7	8			
1	8	2		4				
3		7					2	
			7	8			6	4
		8		6	3			

SUDOKU 94

	7				8	4		
			6					
		2		5				8
	2	6			9		1	
7		1		6			8	
	5	9		2			3	
1					5	8		7
5				8		1		2
2					1	9	5	

SUDOKU 95

		2					4	
					1		2	3
	3			8		6		
	7		6					
		6			9			7
			8	7		4		
7		4	1		3			2
					8	7		
2	8			4		1	6	

SUDOKU 96

		4	1		6			3
5	3			2			4	
						6		
3			8	5	4			
	9	1						4
2	4	5					7	
			2	6	5			1
1	5	3			9			
			3	1			9	

SUDOKU 97

4				8	9			
6		1					9	
			1		3		5	8
8		9				5	2	
	1	2	9					
			8		1		3	
1	9	8			7			
		5	3	9	6			
		6			8		4	

SUDOKU 98

4								
	2			1	9			7
		7		4			3	5
	3	4	2	9			6	
5	9	6			7			8
2	4	9		5			8	
	7	5			6	9		4

SUDOKU 99

			5	9		4		7
	8	5						2
		9		7	8			
9	3	2		4				
	5			3				6
	1		8	5	9			
	2	8					5	4
			3	8				9
5	9		6					

SUDOKU 100

				9				7
	2	6	8					1
			2			3	6	
		2			3			
6	4		7					
		7	4			6		2
	7	3		4	8	5		6
1		8					2	3
	6	4		2	1	7		8

SUDOKU 101

6		8		5		3		
				8			4	6
					7	2		
2				9		8	6	
	6	9		2				
8			4					
5	3					4		8
9		6	3		8	5	2	
4		2	5		9	6	1	

SUDOKU 102

4	6	3		2				
			3	1	4		7	
			5		9			3
8	1	4						9
		5	4	9	2			
9	2						5	
	9	8			3			2
1			2	4			3	
						8		

SUDOKU 103

			1	8	7			5
4				2				8
				9		7	3	2
6	9		8	7				
3							8	1
				6	1		7	
7			2	1				
			4			8		7
9		8					1	3

SUDOKU 104

		2	5	1	7		8	
7			3		6	5		4
				6				
		8	4			9	5	
3		1			8	6		
	5	6	8		1		7	
2			6	4	5	1		

SUDOKU 105

3		5	6					
			7		9	1		5
		1				7	3	
4	1	6				9		
5			8			4		
2						5	1	3
1	5							8
			1			3		4
6		3	9	5				

SUDOKU 106

6						5		
				8		1		6
		5			6		2	
	6	8			4	9	3	
				6			1	
1	4		5	9				8
3				5				1
			4		3		9	
		4	8					

SUDOKU 107

	8	9		3	6		1	4
	3	4		9	1		2	5
2		6	5		4			
	9	2			3	1		
			9	1		3		
					2			6
		3					7	
9	6					2		
		5		2	9	4		

SUDOKU 108

1				9				
4	9	3	2		6	1		
	5	2		4		9		
	3	6					4	
				1	3	8		2
	8	1	7					
3	4	8			9	2	1	
6								9
	2	9			1			8

SUDOKU 109

2					6			
	3	4	7	1	5	2		
7			2	4		3		
			3	7			8	
4		7				5		3
	1		6	5				
		3	5	2	1	6	4	
					3			2
		2	4	9				1

SUDOKU 110

5					1			7
							5	2
		3	2				9	
7	5						1	
		1		7		2	4	
	3				2			5
		9		2			7	
			1	9				4
	4				6	9		3

SUDOKU 111

		8	1		5		3	2
	7			9		4	8	5
	4	2			3		9	
	9		5	6				1
						3		
		7			4	1	5	3
5	3			8			4	9

SUDOKU 112

	4			6	2	7		
7			8				1	2
	6						3	
9				2				5
				3	9	4	8	
3				7				
	8				1		7	
			5	8			9	4

SUDOKU 113

			8	9		2		5
		2				8	1	
1		5	4					
			2			1		3
2	5							6
4		1	9		5			
3	2	4				9		
5			6			3		
7						5	2	1

SUDOKU 114

3			8	2				4
	2							
		4			9	7	3	
		5	3		8			
				5		8	7	3
8			9	7	2			
4							5	8
			1	4	7	3		
		6				9	4	7

SUDOKU 115

7		1			3			
	8	9				6	7	
				8	4	1		
	1		8	5				
				1	7	5		6
	7	8				9		
1	9	4		6				
		2	1	7	8			
		7		4		3		

SUDOKU 116

		2		3				
	6		7					
4		3	5		9	6		
	1		9				2	
	2					1		
6			1	4		7	8	
		1		7				4
	5	6			3	8		7
			8		2			

SUDOKU 117

	4	6	1	9	7			3
		3	6				4	9
	9		4					
4		8		5		2		6
						8		
		9						
					4		3	
1	5				3		9	
3			8	1	9	4	2	

SUDOKU 118

5		4		7	8	3		
	2		1	3	5			9
1			4	5	7	9		
	3			1	2		5	7
7				2		8		1
6	5				4			2
			7					

SUDOKU 119

		9	2			7		
			9	5			1	
1					4		3	9
6	7					5		
		5	7			1		2
3					2		6	
						6	2	
	6				5		7	
		3		2		9		

SUDOKU 120

6		8	7		9			3
	5		3	4	8	2		
		4	8	6	7			2
	3		4		5	7	8	
		7	5			4		9
				7				
	8	1			6	5		

SOLUTION SUDOKU

Solution 1

6	7	9	4	8	5	1	3	2
2	3	4	1	6	9	7	5	8
1	5	8	2	3	7	9	6	4
4	8	2	5	1	3	6	9	7
5	6	1	7	9	4	2	8	3
3	9	7	6	2	8	5	4	1
7	2	5	3	4	6	8	1	9
8	1	3	9	5	2	4	7	6
9	4	6	8	7	1	3	2	5

Solution 2

5	4	7	9	6	3	1	2	8
1	2	6	4	7	8	3	9	5
3	8	9	1	2	5	6	4	7
9	7	8	2	3	4	5	6	1
4	1	3	5	8	6	9	7	2
2	6	5	7	1	9	4	8	3
8	9	4	3	5	7	2	1	6
7	3	2	6	4	1	8	5	9
6	5	1	8	9	2	7	3	4

Solution 3

1	4	6	3	7	9	2	5	8
3	5	2	8	1	6	9	7	4
9	7	8	2	4	5	3	6	1
6	3	1	9	8	4	7	2	5
5	8	9	1	2	7	6	4	3
7	2	4	5	6	3	1	8	9
4	1	5	6	9	2	8	3	7
8	6	7	4	3	1	5	9	2
2	9	3	7	5	8	4	1	6

Solution 4

7	2	3	4	6	9	1	5	8
9	8	5	1	7	3	6	2	4
1	6	4	2	5	8	3	9	7
8	9	1	3	2	5	7	4	6
6	3	2	7	1	4	9	8	5
5	4	7	8	9	6	2	1	3
3	5	9	6	4	2	8	7	1
4	7	6	9	8	1	5	3	2
2	1	8	5	3	7	4	6	9

Solution 5

3	2	8	6	7	9	1	5	4
5	9	4	1	3	2	7	8	6
1	7	6	4	5	8	9	2	3
9	6	1	2	4	5	8	3	7
7	5	3	8	9	6	2	4	1
4	8	2	3	1	7	6	9	5
6	3	7	9	2	4	5	1	8
2	4	5	7	8	1	3	6	9
8	1	9	5	6	3	4	7	2

Solution 6

5	6	8	2	3	7	9	4	1
7	4	2	9	6	1	3	8	5
1	3	9	8	4	5	2	7	6
8	2	3	4	5	6	7	1	9
4	5	7	1	9	2	6	3	8
6	9	1	3	7	8	4	5	2
9	7	5	6	1	3	8	2	4
3	8	4	5	2	9	1	6	7
2	1	6	7	8	4	5	9	3

Solution 7

8	6	1	7	5	9	2	3	4
2	7	9	3	1	4	8	5	6
4	5	3	6	2	8	7	1	9
9	1	6	5	7	2	3	4	8
3	2	8	1	4	6	5	9	7
7	4	5	8	9	3	6	2	1
5	8	4	9	3	7	1	6	2
1	9	7	2	6	5	4	8	3
6	3	2	4	8	1	9	7	5

Solution 8

9	6	8	2	7	4	3	5	1
3	4	7	1	5	6	8	9	2
5	1	2	9	8	3	7	4	6
1	8	9	7	6	5	4	2	3
2	3	6	4	1	8	9	7	5
7	5	4	3	2	9	6	1	8
6	7	3	5	4	2	1	8	9
8	2	1	6	9	7	5	3	4
4	9	5	8	3	1	2	6	7

Solution 9

6	3	4	9	7	8	1	2	5
5	7	9	3	2	1	4	8	6
1	2	8	6	4	5	9	7	3
4	1	2	8	3	9	6	5	7
7	9	6	2	5	4	3	1	8
8	5	3	1	6	7	2	9	4
9	4	1	7	8	6	5	3	2
3	6	7	5	9	2	8	4	1
2	8	5	4	1	3	7	6	9

Solution 10

2	3	6	4	7	1	9	5	8
8	7	9	3	2	5	4	6	1
5	1	4	8	6	9	3	2	7
4	5	8	6	9	2	7	1	3
7	2	3	5	1	4	6	8	9
9	6	1	7	8	3	2	4	5
3	8	7	1	4	6	5	9	2
6	9	5	2	3	8	1	7	4
1	4	2	9	5	7	8	3	6

Solution 11

2	3	9	1	5	6	4	7	8
7	5	4	9	8	2	3	1	6
6	8	1	4	3	7	9	5	2
3	1	5	6	4	9	2	8	7
4	2	8	7	1	5	6	9	3
9	7	6	8	2	3	1	4	5
1	4	3	5	6	8	7	2	9
5	6	7	2	9	4	8	3	1
8	9	2	3	7	1	5	6	4

Solution 12

3	6	4	8	7	5	1	2	9
2	8	5	9	1	3	6	4	7
9	7	1	4	2	6	5	3	8
4	5	2	1	3	9	8	7	6
7	1	8	6	4	2	3	9	5
6	3	9	5	8	7	2	1	4
8	9	3	7	5	1	4	6	2
5	2	7	3	6	4	9	8	1
1	4	6	2	9	8	7	5	3

Solution 13

9	7	6	1	2	3	4	8	5
2	3	5	8	6	4	9	7	1
4	8	1	7	9	5	2	3	6
1	6	9	3	5	8	7	2	4
5	4	3	2	1	7	8	6	9
7	2	8	9	4	6	1	5	3
8	9	7	6	3	1	5	4	2
3	1	4	5	8	2	6	9	7
6	5	2	4	7	9	3	1	8

Solution 14

3	6	2	7	9	4	8	1	5
4	5	8	1	2	3	6	7	9
1	7	9	8	5	6	3	2	4
2	8	3	9	7	1	4	5	6
6	1	5	4	8	2	7	9	3
9	4	7	3	6	5	2	8	1
7	9	6	5	4	8	1	3	2
5	3	4	2	1	7	9	6	8
8	2	1	6	3	9	5	4	7

Solution 15

7	6	2	5	1	8	9	4	3
3	4	5	6	2	9	1	7	8
9	1	8	7	3	4	5	2	6
1	5	4	2	6	7	8	3	9
2	9	6	3	8	1	7	5	4
8	7	3	9	4	5	6	1	2
6	2	1	8	7	3	4	9	5
4	3	9	1	5	6	2	8	7
5	8	7	4	9	2	3	6	1

Solution 16

6	3	8	9	5	4	1	7	2
9	2	1	6	3	7	8	5	4
5	4	7	8	1	2	6	3	9
4	7	6	2	8	9	5	1	3
3	1	9	5	4	6	2	8	7
8	5	2	1	7	3	9	4	6
7	9	5	4	6	8	3	2	1
2	8	3	7	9	1	4	6	5
1	6	4	3	2	5	7	9	8

Solution 17

8	9	6	3	5	1	2	4	7
4	1	5	7	2	9	6	3	8
2	7	3	6	8	4	9	1	5
7	8	9	5	3	6	1	2	4
5	3	1	2	4	7	8	6	9
6	2	4	9	1	8	5	7	3
9	4	2	8	6	3	7	5	1
1	6	8	4	7	5	3	9	2
3	5	7	1	9	2	4	8	6

Solution 18

4	9	7	1	8	6	5	2	3
2	3	6	9	5	4	7	1	8
8	5	1	7	3	2	9	4	6
9	8	4	6	1	5	2	3	7
6	7	5	2	4	3	8	9	1
1	2	3	8	7	9	6	5	4
5	1	9	3	6	8	4	7	2
7	6	2	4	9	1	3	8	5
3	4	8	5	2	7	1	6	9

Solution 19

1	8	6	2	4	9	3	5	7
9	7	3	5	6	1	8	2	4
4	5	2	7	3	8	1	6	9
7	4	8	3	9	6	5	1	2
3	9	5	1	2	7	4	8	6
2	6	1	8	5	4	7	9	3
6	1	4	9	7	5	2	3	8
5	3	7	6	8	2	9	4	1
8	2	9	4	1	3	6	7	5

Solution 20

3	4	7	8	2	6	5	1	9
8	1	6	9	5	3	4	7	2
2	9	5	7	1	4	8	3	6
4	6	1	5	7	8	9	2	3
9	7	3	2	4	1	6	8	5
5	8	2	3	6	9	7	4	1
7	5	9	4	3	2	1	6	8
6	3	8	1	9	7	2	5	4
1	2	4	6	8	5	3	9	7

Solution 21

1	2	9	4	5	8	6	7	3
4	6	8	1	7	3	9	5	2
7	3	5	6	2	9	8	1	4
9	7	2	3	8	1	4	6	5
3	8	4	2	6	5	1	9	7
6	5	1	9	4	7	2	3	8
5	9	7	8	1	2	3	4	6
8	1	6	5	3	4	7	2	9
2	4	3	7	9	6	5	8	1

Solution 22

7	6	1	4	8	2	5	3	9
8	4	9	3	5	1	2	7	6
5	2	3	9	6	7	8	1	4
6	9	4	2	1	8	7	5	3
2	3	7	5	4	6	1	9	8
1	8	5	7	9	3	6	4	2
3	7	6	1	2	9	4	8	5
4	1	8	6	3	5	9	2	7
9	5	2	8	7	4	3	6	1

Solution 23

7	5	4	3	1	8	9	6	2
3	2	6	5	7	9	8	1	4
9	1	8	2	6	4	7	3	5
4	7	1	8	2	6	5	9	3
5	6	9	1	3	7	4	2	8
8	3	2	4	9	5	6	7	1
1	9	5	7	4	3	2	8	6
2	8	7	6	5	1	3	4	9
6	4	3	9	8	2	1	5	7

Solution 24

8	1	4	5	7	9	2	6	3
2	9	6	1	3	4	7	5	8
3	7	5	2	8	6	4	9	1
6	2	8	4	9	1	5	3	7
9	5	1	3	6	7	8	4	2
4	3	7	8	5	2	9	1	6
7	6	3	9	2	5	1	8	4
1	8	9	7	4	3	6	2	5
5	4	2	6	1	8	3	7	9

Solution 25

6	4	3	8	7	2	5	9	1
5	8	9	3	4	1	6	2	7
1	2	7	5	9	6	3	8	4
7	5	4	6	8	3	9	1	2
8	1	6	9	2	4	7	5	3
9	3	2	7	1	5	4	6	8
3	7	8	1	6	9	2	4	5
4	9	1	2	5	7	8	3	6
2	6	5	4	3	8	1	7	9

Solution 26

6	9	2	1	3	7	8	5	4
5	1	7	6	8	4	2	9	3
4	8	3	5	2	9	7	6	1
3	7	1	4	5	8	6	2	9
2	5	4	9	7	6	1	3	8
8	6	9	2	1	3	4	7	5
1	2	6	3	4	5	9	8	7
9	3	8	7	6	1	5	4	2
7	4	5	8	9	2	3	1	6

Solution 27

3	9	1	8	2	7	5	6	4
2	5	6	9	1	4	7	8	3
8	7	4	6	5	3	2	1	9
7	3	5	1	9	8	4	2	6
6	2	8	4	7	5	3	9	1
1	4	9	2	3	6	8	7	5
9	1	3	5	8	2	6	4	7
4	8	7	3	6	9	1	5	2
5	6	2	7	4	1	9	3	8

Solution 28

7	4	8	1	6	2	9	5	3
2	3	5	7	4	9	8	6	1
1	9	6	3	5	8	2	4	7
5	7	9	4	8	3	6	1	2
4	8	2	5	1	6	7	3	9
6	1	3	2	9	7	5	8	4
8	6	7	9	3	4	1	2	5
3	2	1	6	7	5	4	9	8
9	5	4	8	2	1	3	7	6

Solution 29

2	8	4	7	6	9	3	1	5
6	5	1	3	8	4	7	9	2
7	9	3	2	1	5	8	6	4
5	1	2	4	7	3	9	8	6
9	7	8	6	5	1	2	4	3
3	4	6	9	2	8	1	5	7
8	6	9	5	3	7	4	2	1
1	3	5	8	4	2	6	7	9
4	2	7	1	9	6	5	3	8

Solution 30

6	9	1	4	2	5	8	3	7
2	3	5	9	7	8	1	4	6
4	8	7	1	3	6	2	5	9
8	1	9	7	6	3	5	2	4
5	6	3	2	4	9	7	8	1
7	2	4	5	8	1	6	9	3
3	7	8	6	5	4	9	1	2
9	4	2	8	1	7	3	6	5
1	5	6	3	9	2	4	7	8

Solution 31

2	4	5	1	9	3	8	6	7
9	8	7	5	6	4	2	3	1
6	3	1	7	2	8	5	4	9
5	2	8	6	3	7	1	9	4
3	9	6	4	8	1	7	2	5
7	1	4	2	5	9	6	8	3
4	6	2	9	7	5	3	1	8
1	7	3	8	4	2	9	5	6
8	5	9	3	1	6	4	7	2

Solution 32

1	2	6	8	4	7	3	9	5
7	8	3	1	9	5	6	4	2
9	5	4	3	6	2	8	7	1
2	4	1	9	5	8	7	3	6
8	6	7	4	3	1	5	2	9
3	9	5	2	7	6	1	8	4
5	3	2	6	8	4	9	1	7
4	7	9	5	1	3	2	6	8
6	1	8	7	2	9	4	5	3

Solution 33

9	1	3	5	2	7	6	4	8
7	6	5	4	8	9	3	1	2
2	8	4	6	1	3	9	5	7
6	5	2	7	9	1	8	3	4
4	9	8	2	3	6	5	7	1
1	3	7	8	5	4	2	6	9
8	2	1	3	7	5	4	9	6
5	4	9	1	6	8	7	2	3
3	7	6	9	4	2	1	8	5

Solution 34

3	7	4	9	6	5	1	8	2
1	8	9	7	2	4	6	5	3
2	6	5	1	3	8	4	9	7
9	4	7	6	5	2	8	3	1
8	2	6	3	4	1	9	7	5
5	3	1	8	9	7	2	4	6
6	9	8	5	1	3	7	2	4
4	1	3	2	7	9	5	6	8
7	5	2	4	8	6	3	1	9

Solution 35

9	6	3	1	2	8	7	4	5
2	5	4	7	9	3	6	8	1
8	7	1	6	4	5	3	9	2
5	9	7	3	8	6	2	1	4
1	2	8	5	7	4	9	6	3
3	4	6	9	1	2	8	5	7
6	1	9	2	5	7	4	3	8
7	8	5	4	3	9	1	2	6
4	3	2	8	6	1	5	7	9

Solution 36

2	8	9	7	6	4	5	1	3
3	1	4	5	8	2	9	6	7
6	5	7	1	9	3	8	2	4
9	7	1	3	4	8	2	5	6
8	3	2	6	7	5	1	4	9
4	6	5	2	1	9	7	3	8
7	4	6	8	5	1	3	9	2
1	2	8	9	3	6	4	7	5
5	9	3	4	2	7	6	8	1

Solution 37

7	2	1	9	4	3	8	6	5
9	6	4	8	2	5	7	1	3
3	5	8	1	7	6	2	9	4
8	4	2	5	3	1	6	7	9
5	9	6	2	8	7	3	4	1
1	7	3	6	9	4	5	8	2
6	1	7	3	5	9	4	2	8
2	3	9	4	6	8	1	5	7
4	8	5	7	1	2	9	3	6

Solution 38

3	1	7	2	9	4	8	5	6
9	5	8	6	7	3	4	1	2
6	4	2	8	5	1	7	9	3
1	7	6	9	4	8	2	3	5
4	3	9	5	6	2	1	8	7
8	2	5	1	3	7	6	4	9
2	9	1	3	8	6	5	7	4
5	8	4	7	2	9	3	6	1
7	6	3	4	1	5	9	2	8

Solution 39

5	3	1	7	4	8	6	9	2
9	4	8	6	2	3	5	1	7
7	6	2	1	5	9	8	4	3
8	2	6	5	3	1	4	7	9
1	9	5	4	7	2	3	8	6
3	7	4	8	9	6	1	2	5
6	8	9	2	1	5	7	3	4
2	5	7	3	8	4	9	6	1
4	1	3	9	6	7	2	5	8

Solution 40

8	9	6	1	2	3	7	4	5
1	3	5	7	4	6	8	9	2
7	4	2	5	8	9	1	3	6
3	6	1	2	9	7	5	8	4
4	2	9	6	5	8	3	7	1
5	8	7	4	3	1	2	6	9
2	5	8	3	6	4	9	1	7
9	1	4	8	7	2	6	5	3
6	7	3	9	1	5	4	2	8

Solution 41

2	9	3	1	4	7	6	8	5
4	5	1	6	8	9	3	7	2
8	6	7	2	3	5	4	9	1
1	2	8	7	9	3	5	4	6
7	3	5	4	1	6	8	2	9
9	4	6	5	2	8	1	3	7
3	7	4	9	5	1	2	6	8
6	1	2	8	7	4	9	5	3
5	8	9	3	6	2	7	1	4

Solution 42

8	7	9	2	4	5	1	3	6
5	1	6	3	8	9	4	7	2
3	4	2	7	1	6	5	9	8
2	6	7	5	9	8	3	4	1
4	9	5	1	3	2	8	6	7
1	3	8	6	7	4	2	5	9
7	8	4	9	5	1	6	2	3
9	2	1	4	6	3	7	8	5
6	5	3	8	2	7	9	1	4

Solution 43

3	1	8	2	4	5	6	9	7
5	4	9	6	7	1	3	8	2
6	2	7	9	3	8	1	4	5
4	3	5	1	8	2	7	6	9
9	7	1	4	6	3	5	2	8
2	8	6	5	9	7	4	1	3
8	5	4	7	1	9	2	3	6
7	6	3	8	2	4	9	5	1
1	9	2	3	5	6	8	7	4

Solution 44

3	5	7	9	8	6	1	2	4
8	9	2	3	1	4	6	7	5
6	4	1	2	5	7	8	3	9
4	2	3	5	6	9	7	8	1
1	8	6	4	7	3	5	9	2
5	7	9	8	2	1	3	4	6
9	1	8	6	3	2	4	5	7
2	6	5	7	4	8	9	1	3
7	3	4	1	9	5	2	6	8

Solution 45

7	4	6	8	5	1	9	3	2
3	2	8	9	6	4	7	5	1
9	5	1	2	7	3	8	6	4
4	9	3	1	8	6	2	7	5
5	6	2	4	3	7	1	8	9
1	8	7	5	9	2	3	4	6
2	7	9	6	4	8	5	1	3
6	3	5	7	1	9	4	2	8
8	1	4	3	2	5	6	9	7

Solution 46

1	8	9	3	5	2	4	7	6
7	6	5	9	8	4	3	2	1
3	2	4	1	7	6	8	9	5
9	3	8	2	6	5	1	4	7
5	4	1	7	9	3	6	8	2
2	7	6	8	4	1	9	5	3
8	9	2	6	1	7	5	3	4
6	5	3	4	2	9	7	1	8
4	1	7	5	3	8	2	6	9

Solution 47

4	5	6	3	1	7	9	2	8
2	1	3	8	9	5	7	4	6
8	7	9	6	4	2	3	5	1
7	9	8	5	6	3	4	1	2
5	4	2	1	7	8	6	9	3
6	3	1	4	2	9	8	7	5
1	6	7	2	3	4	5	8	9
9	2	5	7	8	6	1	3	4
3	8	4	9	5	1	2	6	7

Solution 48

9	7	6	8	1	5	4	3	2
5	3	4	2	9	7	6	8	1
8	1	2	3	6	4	9	7	5
1	2	7	5	3	6	8	9	4
3	6	8	1	4	9	5	2	7
4	5	9	7	2	8	3	1	6
6	8	3	4	7	2	1	5	9
7	4	1	9	5	3	2	6	8
2	9	5	6	8	1	7	4	3

Solution 49

7	1	2	8	4	9	6	3	5
4	3	9	6	5	7	2	8	1
8	6	5	3	1	2	4	7	9
1	9	6	5	7	3	8	4	2
3	2	8	9	6	4	1	5	7
5	4	7	1	2	8	9	6	3
9	5	4	7	8	1	3	2	6
2	7	1	4	3	6	5	9	8
6	8	3	2	9	5	7	1	4

Solution 50

2	3	6	9	5	1	7	4	8
8	4	1	7	6	2	5	3	9
9	5	7	4	8	3	6	1	2
3	1	9	2	7	8	4	6	5
6	7	5	1	4	9	8	2	3
4	2	8	5	3	6	1	9	7
1	9	4	8	2	5	3	7	6
7	8	3	6	9	4	2	5	1
5	6	2	3	1	7	9	8	4

Solution 51

8	4	7	1	3	6	9	5	2
1	5	9	8	2	7	6	3	4
2	6	3	9	4	5	7	8	1
6	3	8	5	1	2	4	9	7
9	2	5	3	7	4	1	6	8
7	1	4	6	9	8	5	2	3
4	9	2	7	6	3	8	1	5
5	7	6	2	8	1	3	4	9
3	8	1	4	5	9	2	7	6

Solution 52

7	1	2	6	5	9	8	3	4
9	5	3	2	4	8	7	6	1
4	8	6	1	7	3	9	5	2
5	3	4	8	9	7	2	1	6
6	7	9	5	2	1	4	8	3
1	2	8	3	6	4	5	9	7
2	9	1	4	8	6	3	7	5
3	4	7	9	1	5	6	2	8
8	6	5	7	3	2	1	4	9

Solution 53

7	6	5	3	9	2	8	1	4
2	1	4	7	6	8	5	3	9
8	9	3	1	5	4	6	7	2
3	4	8	2	1	7	9	6	5
1	5	7	9	4	6	3	2	8
6	2	9	5	8	3	1	4	7
9	7	1	6	2	5	4	8	3
5	8	2	4	3	1	7	9	6
4	3	6	8	7	9	2	5	1

Solution 54

5	1	8	7	3	2	9	6	4
7	4	6	8	1	9	5	2	3
3	2	9	4	6	5	7	8	1
2	6	3	1	4	7	8	5	9
8	7	1	5	9	3	6	4	2
9	5	4	6	2	8	1	3	7
4	8	7	2	5	1	3	9	6
1	9	2	3	8	6	4	7	5
6	3	5	9	7	4	2	1	8

Solution 55

4	7	1	9	3	5	6	8	2
8	6	5	7	4	2	3	1	9
2	9	3	6	1	8	4	7	5
3	4	9	8	7	6	5	2	1
6	1	2	5	9	4	7	3	8
7	5	8	3	2	1	9	6	4
5	2	7	4	8	3	1	9	6
1	3	4	2	6	9	8	5	7
9	8	6	1	5	7	2	4	3

Solution 56

3	7	2	6	9	4	1	8	5
4	5	6	8	3	1	7	9	2
9	1	8	7	5	2	6	4	3
1	6	7	2	8	5	9	3	4
2	4	9	3	7	6	8	5	1
5	8	3	4	1	9	2	6	7
6	9	5	1	2	3	4	7	8
8	3	1	9	4	7	5	2	6
7	2	4	5	6	8	3	1	9

Solution 57

7	4	9	6	2	1	3	5	8
5	2	8	9	7	3	1	6	4
3	6	1	5	4	8	2	9	7
8	1	4	3	5	2	9	7	6
6	9	3	8	1	7	5	4	2
2	5	7	4	6	9	8	1	3
9	8	6	1	3	4	7	2	5
4	3	2	7	9	5	6	8	1
1	7	5	2	8	6	4	3	9

Solution 58

8	2	3	1	7	4	9	6	5
4	5	7	3	9	6	8	1	2
9	6	1	8	5	2	4	7	3
7	9	4	5	1	3	6	2	8
3	8	6	7	2	9	5	4	1
2	1	5	6	4	8	3	9	7
5	3	9	2	6	1	7	8	4
1	4	8	9	3	7	2	5	6
6	7	2	4	8	5	1	3	9

Solution 59

6	4	3	9	2	8	1	7	5
8	5	2	7	1	3	9	4	6
1	7	9	4	6	5	3	8	2
7	2	4	5	3	6	8	1	9
5	9	8	1	4	2	7	6	3
3	6	1	8	7	9	2	5	4
2	1	5	3	8	4	6	9	7
9	8	6	2	5	7	4	3	1
4	3	7	6	9	1	5	2	8

Solution 60

5	7	8	1	6	2	4	9	3
2	3	6	4	5	9	8	1	7
9	1	4	3	7	8	6	5	2
1	6	5	9	2	3	7	8	4
8	4	3	6	1	7	9	2	5
7	9	2	8	4	5	3	6	1
3	5	9	2	8	4	1	7	6
6	8	7	5	3	1	2	4	9
4	2	1	7	9	6	5	3	8

Solution 61

7	9	4	3	8	1	5	6	2
5	1	6	2	9	4	8	7	3
3	2	8	6	7	5	9	1	4
6	3	1	5	2	7	4	9	8
9	8	5	4	3	6	7	2	1
2	4	7	8	1	9	3	5	6
8	6	9	1	5	3	2	4	7
4	5	2	7	6	8	1	3	9
1	7	3	9	4	2	6	8	5

Solution 62

4	8	3	6	5	1	2	9	7
7	9	1	8	4	2	6	5	3
2	6	5	9	3	7	1	4	8
3	5	4	2	9	6	8	7	1
6	7	9	3	1	8	5	2	4
1	2	8	4	7	5	9	3	6
8	1	7	5	2	3	4	6	9
5	4	6	7	8	9	3	1	2
9	3	2	1	6	4	7	8	5

Solution 63

8	4	3	9	7	5	2	1	6
9	5	1	3	6	2	4	7	8
7	6	2	4	1	8	5	3	9
2	8	6	5	3	4	7	9	1
5	3	9	1	2	7	6	8	4
4	1	7	8	9	6	3	5	2
3	9	4	6	5	1	8	2	7
1	2	8	7	4	3	9	6	5
6	7	5	2	8	9	1	4	3

Solution 64

8	6	2	4	9	7	1	3	5
1	7	4	3	5	6	2	9	8
9	5	3	8	2	1	4	7	6
3	9	1	6	4	2	8	5	7
7	2	5	1	8	3	9	6	4
6	4	8	9	7	5	3	2	1
4	3	7	5	1	9	6	8	2
5	8	9	2	6	4	7	1	3
2	1	6	7	3	8	5	4	9

Solution 65

9	7	1	6	5	4	3	8	2
6	8	2	1	7	3	9	4	5
5	4	3	8	2	9	1	7	6
7	1	4	2	3	5	8	6	9
8	3	9	4	6	7	5	2	1
2	5	6	9	1	8	4	3	7
3	6	7	5	8	1	2	9	4
1	9	8	7	4	2	6	5	3
4	2	5	3	9	6	7	1	8

Solution 66

5	4	6	9	2	3	7	8	1
7	8	9	6	1	5	2	3	4
3	1	2	4	8	7	6	9	5
6	9	1	8	3	4	5	7	2
8	7	3	5	6	2	4	1	9
4	2	5	1	7	9	3	6	8
1	5	7	2	9	6	8	4	3
9	3	4	7	5	8	1	2	6
2	6	8	3	4	1	9	5	7

Solution 67

6	1	3	4	9	7	2	5	8
8	4	9	3	5	2	1	7	6
5	7	2	8	1	6	4	3	9
2	8	7	6	3	5	9	4	1
9	6	5	1	2	4	7	8	3
1	3	4	9	7	8	6	2	5
7	5	1	2	8	9	3	6	4
4	9	8	7	6	3	5	1	2
3	2	6	5	4	1	8	9	7

Solution 68

7	4	2	5	1	6	3	8	9
8	1	9	2	3	4	7	5	6
3	5	6	8	9	7	4	2	1
5	3	4	9	6	1	8	7	2
9	6	7	4	2	8	5	1	3
2	8	1	7	5	3	9	6	4
1	7	3	6	8	9	2	4	5
4	9	5	1	7	2	6	3	8
6	2	8	3	4	5	1	9	7

Solution 69

3	5	6	4	7	2	8	1	9
8	4	2	9	5	1	7	3	6
7	9	1	8	6	3	2	5	4
5	2	3	7	9	6	1	4	8
4	7	9	1	2	8	5	6	3
1	6	8	3	4	5	9	2	7
9	3	4	5	1	7	6	8	2
6	8	5	2	3	9	4	7	1
2	1	7	6	8	4	3	9	5

Solution 70

5	9	4	8	3	7	1	6	2
3	2	8	5	6	1	7	9	4
1	7	6	2	9	4	8	5	3
2	5	1	6	8	3	9	4	7
6	8	9	4	7	5	2	3	1
4	3	7	1	2	9	5	8	6
7	4	5	3	1	8	6	2	9
8	1	2	9	4	6	3	7	5
9	6	3	7	5	2	4	1	8

Solution 71

7	4	6	8	3	1	5	2	9
9	8	3	6	2	5	1	7	4
1	2	5	4	7	9	8	3	6
2	6	7	5	8	4	9	1	3
3	5	9	2	1	7	6	4	8
4	1	8	9	6	3	7	5	2
6	9	1	3	5	2	4	8	7
5	3	4	7	9	8	2	6	1
8	7	2	1	4	6	3	9	5

Solution 72

6	8	9	3	2	5	1	7	4
3	7	5	9	4	1	2	8	6
4	1	2	8	7	6	3	5	9
7	9	1	6	5	4	8	2	3
2	4	8	1	3	7	6	9	5
5	3	6	2	9	8	7	4	1
1	6	4	5	8	2	9	3	7
9	2	7	4	6	3	5	1	8
8	5	3	7	1	9	4	6	2

Solution 73

1	3	5	6	7	4	8	2	9
4	2	8	5	3	9	6	1	7
7	6	9	1	8	2	4	3	5
6	5	7	9	1	8	2	4	3
2	8	3	7	4	5	1	9	6
9	1	4	2	6	3	7	5	8
3	7	6	4	5	1	9	8	2
5	4	2	8	9	6	3	7	1
8	9	1	3	2	7	5	6	4

Solution 74

7	1	6	3	9	5	4	8	2
4	3	9	7	2	8	5	6	1
2	5	8	4	1	6	9	7	3
3	6	5	2	4	1	7	9	8
9	7	2	6	8	3	1	5	4
8	4	1	9	5	7	3	2	6
5	9	3	8	6	4	2	1	7
6	2	4	1	7	9	8	3	5
1	8	7	5	3	2	6	4	9

Solution 75

2	5	8	9	6	1	4	3	7
4	6	3	5	8	7	9	2	1
1	9	7	4	2	3	8	5	6
5	4	6	8	7	9	2	1	3
3	8	1	6	4	2	7	9	5
7	2	9	3	1	5	6	8	4
6	1	4	2	3	8	5	7	9
8	7	5	1	9	4	3	6	2
9	3	2	7	5	6	1	4	8

Solution 76

5	6	3	4	9	8	2	7	1
4	2	7	3	5	1	9	8	6
1	9	8	6	7	2	3	5	4
3	5	9	1	8	7	4	6	2
2	7	1	5	6	4	8	3	9
6	8	4	2	3	9	5	1	7
8	1	2	7	4	3	6	9	5
9	4	5	8	1	6	7	2	3
7	3	6	9	2	5	1	4	8

Solution 77

5	4	7	8	6	1	2	3	9
8	9	2	7	4	3	1	5	6
3	6	1	5	2	9	8	4	7
6	3	4	1	7	2	9	8	5
1	8	5	3	9	6	4	7	2
2	7	9	4	8	5	6	1	3
9	5	3	2	1	4	7	6	8
7	1	6	9	3	8	5	2	4
4	2	8	6	5	7	3	9	1

Solution 78

7	6	1	5	8	9	3	4	2
2	5	4	3	6	1	7	8	9
8	9	3	2	4	7	6	1	5
5	4	7	8	3	6	2	9	1
1	3	8	9	7	2	5	6	4
9	2	6	1	5	4	8	3	7
6	1	5	7	9	3	4	2	8
3	8	2	4	1	5	9	7	6
4	7	9	6	2	8	1	5	3

Solution 79

6	5	1	8	2	7	9	4	3
3	9	8	6	4	1	7	2	5
7	2	4	9	3	5	6	1	8
2	8	5	4	9	3	1	7	6
1	7	3	2	5	6	4	8	9
9	4	6	1	7	8	5	3	2
5	1	2	7	8	9	3	6	4
4	6	9	3	1	2	8	5	7
8	3	7	5	6	4	2	9	1

Solution 80

2	5	4	3	6	7	1	8	9
6	8	3	5	9	1	4	2	7
1	7	9	8	2	4	6	3	5
8	3	1	2	4	5	7	9	6
7	6	2	1	3	9	5	4	8
4	9	5	6	7	8	3	1	2
9	2	7	4	1	6	8	5	3
5	1	6	9	8	3	2	7	4
3	4	8	7	5	2	9	6	1

Solution 81

9	8	4	5	3	7	6	1	2
2	7	6	9	1	4	5	3	8
1	5	3	6	8	2	9	4	7
7	1	8	4	5	3	2	9	6
3	2	9	1	7	6	8	5	4
6	4	5	8	2	9	3	7	1
5	6	1	7	9	8	4	2	3
8	9	2	3	4	1	7	6	5
4	3	7	2	6	5	1	8	9

Solution 82

3	6	5	8	2	4	1	9	7
9	4	7	6	1	5	2	8	3
8	2	1	7	3	9	5	6	4
7	5	2	1	9	8	4	3	6
4	1	8	3	6	7	9	5	2
6	9	3	4	5	2	8	7	1
2	3	6	9	8	1	7	4	5
5	8	4	2	7	6	3	1	9
1	7	9	5	4	3	6	2	8

Solution 83

7	2	5	1	8	6	4	3	9
8	1	4	9	2	3	7	5	6
9	3	6	5	4	7	1	2	8
2	6	1	8	5	9	3	4	7
4	8	3	2	7	1	9	6	5
5	7	9	3	6	4	2	8	1
3	5	7	6	1	2	8	9	4
1	9	8	4	3	5	6	7	2
6	4	2	7	9	8	5	1	3

Solution 84

4	2	1	8	6	5	3	9	7
8	7	3	2	9	4	6	5	1
6	9	5	1	7	3	2	8	4
5	3	8	4	2	7	1	6	9
2	6	7	9	8	1	4	3	5
1	4	9	5	3	6	8	7	2
9	5	6	3	4	2	7	1	8
3	1	2	7	5	8	9	4	6
7	8	4	6	1	9	5	2	3

Solution 85

6	4	1	9	2	7	8	3	5
3	2	5	8	1	4	9	7	6
8	9	7	5	6	3	1	2	4
2	6	9	4	7	1	3	5	8
1	7	3	2	5	8	6	4	9
4	5	8	3	9	6	2	1	7
9	1	6	7	3	5	4	8	2
7	3	4	6	8	2	5	9	1
5	8	2	1	4	9	7	6	3

Solution 86

4	7	1	6	5	8	9	3	2
9	3	8	4	1	2	5	7	6
5	2	6	7	3	9	4	1	8
6	5	9	1	8	3	7	2	4
8	4	2	9	7	5	1	6	3
3	1	7	2	6	4	8	5	9
7	8	5	3	4	6	2	9	1
1	9	3	8	2	7	6	4	5
2	6	4	5	9	1	3	8	7

Solution 87

8	7	6	1	2	9	5	4	3
9	5	4	6	8	3	2	7	1
2	3	1	5	7	4	8	6	9
7	6	3	2	4	8	1	9	5
5	9	2	3	6	1	7	8	4
1	4	8	7	9	5	6	3	2
4	2	7	9	5	6	3	1	8
6	1	9	8	3	2	4	5	7
3	8	5	4	1	7	9	2	6

Solution 88

4	2	7	1	5	3	9	6	8
5	3	8	9	2	6	4	1	7
1	9	6	7	8	4	5	2	3
7	6	3	5	4	9	1	8	2
2	5	4	8	3	1	7	9	6
8	1	9	6	7	2	3	5	4
3	8	5	2	1	7	6	4	9
9	7	2	4	6	5	8	3	1
6	4	1	3	9	8	2	7	5

Solution 89

7	2	3	6	5	4	1	9	8
9	1	6	8	3	2	7	5	4
8	5	4	7	1	9	2	3	6
6	8	2	5	7	3	9	4	1
3	4	1	9	2	8	6	7	5
5	7	9	4	6	1	8	2	3
4	6	8	3	9	7	5	1	2
2	3	7	1	8	5	4	6	9
1	9	5	2	4	6	3	8	7

Solution 90

7	1	4	8	2	5	3	6	9
5	3	8	9	6	1	4	2	7
6	9	2	7	3	4	1	5	8
8	4	6	2	1	7	5	9	3
3	2	1	5	9	6	7	8	4
9	5	7	3	4	8	2	1	6
2	7	9	1	8	3	6	4	5
4	8	3	6	5	2	9	7	1
1	6	5	4	7	9	8	3	2

Solution 91

9	2	7	8	5	1	3	4	6
8	6	5	7	4	3	1	2	9
4	3	1	6	2	9	7	5	8
5	4	9	3	7	2	6	8	1
2	8	3	1	6	4	9	7	5
7	1	6	5	9	8	4	3	2
3	7	2	9	8	6	5	1	4
1	9	8	4	3	5	2	6	7
6	5	4	2	1	7	8	9	3

Solution 92

9	7	1	6	2	8	4	3	5
8	5	4	3	7	9	6	2	1
6	3	2	1	5	4	7	9	8
7	1	5	2	9	6	3	8	4
2	8	3	5	4	7	1	6	9
4	9	6	8	3	1	2	5	7
3	6	7	9	1	5	8	4	2
5	4	8	7	6	2	9	1	3
1	2	9	4	8	3	5	7	6

Solution 93

8	7	1	9	2	4	6	5	3
6	5	4	1	3	7	9	8	2
2	9	3	8	5	6	7	4	1
7	3	6	2	1	5	4	9	8
5	4	9	3	7	8	2	1	6
1	8	2	6	4	9	5	3	7
3	6	7	4	9	1	8	2	5
9	1	5	7	8	2	3	6	4
4	2	8	5	6	3	1	7	9

Solution 94

9	7	5	3	1	8	4	2	6
4	8	3	6	9	2	5	7	1
6	1	2	7	5	4	3	9	8
3	2	6	8	4	9	7	1	5
7	4	1	5	6	3	2	8	9
8	5	9	1	2	7	6	3	4
1	9	4	2	3	5	8	6	7
5	3	7	9	8	6	1	4	2
2	6	8	4	7	1	9	5	3

Solution 95

9	1	2	7	3	6	5	4	8
8	6	7	4	5	1	9	2	3
4	3	5	9	8	2	6	7	1
1	7	8	6	2	4	3	9	5
5	4	6	3	1	9	2	8	7
3	2	9	8	7	5	4	1	6
7	9	4	1	6	3	8	5	2
6	5	1	2	9	8	7	3	4
2	8	3	5	4	7	1	6	9

Solution 96

9	8	4	1	7	6	2	5	3
5	3	6	9	2	8	1	4	7
7	1	2	5	4	3	6	8	9
3	6	7	8	5	4	9	1	2
8	9	1	7	3	2	5	6	4
2	4	5	6	9	1	3	7	8
4	7	9	2	6	5	8	3	1
1	5	3	4	8	9	7	2	6
6	2	8	3	1	7	4	9	5

Solution 97

4	5	3	6	8	9	1	7	2
6	8	1	5	7	2	3	9	4
9	2	7	1	4	3	6	5	8
8	3	9	7	6	4	5	2	1
7	1	2	9	3	5	4	8	6
5	6	4	8	2	1	7	3	9
1	9	8	4	5	7	2	6	3
2	4	5	3	9	6	8	1	7
3	7	6	2	1	8	9	4	5

Solution 98

4	5	1	7	8	3	6	9	2
6	2	3	5	1	9	8	4	7
9	8	7	6	4	2	1	3	5
7	3	4	2	9	8	5	6	1
8	1	2	4	6	5	3	7	9
5	9	6	1	3	7	4	2	8
1	6	8	9	7	4	2	5	3
2	4	9	3	5	1	7	8	6
3	7	5	8	2	6	9	1	4

Solution 99

3	6	1	5	9	2	4	8	7
7	8	5	4	6	3	1	9	2
2	4	9	1	7	8	6	3	5
9	3	2	7	4	6	5	1	8
8	5	7	2	3	1	9	4	6
4	1	6	8	5	9	7	2	3
6	2	8	9	1	7	3	5	4
1	7	4	3	8	5	2	6	9
5	9	3	6	2	4	8	7	1

Solution 100

4	3	5	1	9	6	2	8	7
7	2	6	8	3	5	9	4	1
8	1	9	2	7	4	3	6	5
9	5	2	6	8	3	1	7	4
6	4	1	7	5	2	8	3	9
3	8	7	4	1	9	6	5	2
2	7	3	9	4	8	5	1	6
1	9	8	5	6	7	4	2	3
5	6	4	3	2	1	7	9	8

Solution 101

6	2	8	1	5	4	3	7	9
7	5	3	9	8	2	1	4	6
1	9	4	6	3	7	2	8	5
2	4	5	7	9	3	8	6	1
3	6	9	8	2	1	7	5	4
8	7	1	4	6	5	9	3	2
5	3	7	2	1	6	4	9	8
9	1	6	3	4	8	5	2	7
4	8	2	5	7	9	6	1	3

Solution 102

4	6	3	8	2	7	5	9	1
5	8	9	3	1	4	2	7	6
2	7	1	5	6	9	4	8	3
8	1	4	7	3	5	6	2	9
6	3	5	4	9	2	7	1	8
9	2	7	1	8	6	3	5	4
7	9	8	6	5	3	1	4	2
1	5	6	2	4	8	9	3	7
3	4	2	9	7	1	8	6	5

Solution 103

2	6	3	1	8	7	9	4	5
4	7	9	3	2	5	1	6	8
1	8	5	6	9	4	7	3	2
6	9	1	8	7	3	2	5	4
3	5	7	9	4	2	6	8	1
8	4	2	5	6	1	3	7	9
7	3	4	2	1	8	5	9	6
5	1	6	4	3	9	8	2	7
9	2	8	7	5	6	4	1	3

Solution 104

4	6	2	5	1	7	3	8	9
8	3	5	9	2	4	7	1	6
7	1	9	3	8	6	5	2	4
5	7	4	1	6	9	2	3	8
6	2	8	4	7	3	9	5	1
3	9	1	2	5	8	6	4	7
9	5	6	8	3	1	4	7	2
1	4	3	7	9	2	8	6	5
2	8	7	6	4	5	1	9	3

Solution 105

3	7	5	6	1	2	8	4	9
8	4	2	7	3	9	1	6	5
9	6	1	5	4	8	7	3	2
4	1	6	3	2	5	9	8	7
5	3	7	8	9	1	4	2	6
2	9	8	4	6	7	5	1	3
1	5	4	2	7	3	6	9	8
7	2	9	1	8	6	3	5	4
6	8	3	9	5	4	2	7	1

Solution 106

6	9	1	2	3	7	5	8	4
4	3	2	9	8	5	1	7	6
8	7	5	1	4	6	3	2	9
2	6	8	7	1	4	9	3	5
7	5	9	3	6	8	4	1	2
1	4	3	5	9	2	7	6	8
3	8	7	6	5	9	2	4	1
5	1	6	4	2	3	8	9	7
9	2	4	8	7	1	6	5	3

Solution 107

5	8	9	2	3	6	7	1	4
7	3	4	8	9	1	6	2	5
2	1	6	5	7	4	8	9	3
8	9	2	6	4	3	1	5	7
6	4	7	9	1	5	3	8	2
3	5	1	7	8	2	9	4	6
4	2	3	1	6	8	5	7	9
9	6	8	4	5	7	2	3	1
1	7	5	3	2	9	4	6	8

Solution 108

1	6	7	3	9	8	5	2	4
4	9	3	2	5	6	1	8	7
8	5	2	1	4	7	9	6	3
2	3	6	9	8	5	7	4	1
5	7	4	6	1	3	8	9	2
9	8	1	7	2	4	6	3	5
3	4	8	5	7	9	2	1	6
6	1	5	8	3	2	4	7	9
7	2	9	4	6	1	3	5	8

Solution 109

2	8	1	9	3	6	4	7	5
6	3	4	7	1	5	2	9	8
7	9	5	2	4	8	3	1	6
9	5	6	3	7	2	1	8	4
4	2	7	1	8	9	5	6	3
3	1	8	6	5	4	9	2	7
8	7	3	5	2	1	6	4	9
1	4	9	8	6	3	7	5	2
5	6	2	4	9	7	8	3	1

Solution 110

5	2	8	9	6	1	4	3	7
6	9	7	4	3	8	1	5	2
4	1	3	2	5	7	8	9	6
7	5	2	6	4	9	3	1	8
8	6	1	3	7	5	2	4	9
9	3	4	8	1	2	7	6	5
3	8	9	5	2	4	6	7	1
2	7	6	1	9	3	5	8	4
1	4	5	7	8	6	9	2	3

Solution 111

4	6	8	1	7	5	9	3	2
3	7	1	6	9	2	4	8	5
2	5	9	3	4	8	7	1	6
6	4	2	8	1	3	5	9	7
7	9	3	4	5	6	8	2	1
8	1	5	9	2	7	3	6	4
9	8	7	2	6	4	1	5	3
5	3	6	7	8	1	2	4	9
1	2	4	5	3	9	6	7	8

Solution 112

1	4	3	9	6	2	7	5	8
8	2	5	3	1	7	9	4	6
7	9	6	8	4	5	3	1	2
4	6	7	1	5	8	2	3	9
9	3	8	7	2	4	1	6	5
5	1	2	6	3	9	4	8	7
3	5	9	4	7	6	8	2	1
6	8	4	2	9	1	5	7	3
2	7	1	5	8	3	6	9	4

Solution 113

6	3	7	8	9	1	2	4	5
9	4	2	5	6	3	8	1	7
1	8	5	4	7	2	6	3	9
8	7	9	2	4	6	1	5	3
2	5	3	7	1	8	4	9	6
4	6	1	9	3	5	7	8	2
3	2	4	1	5	7	9	6	8
5	1	8	6	2	9	3	7	4
7	9	6	3	8	4	5	2	1

Solution 114

3	9	7	8	2	6	5	1	4
5	2	1	7	3	4	6	8	9
6	8	4	5	1	9	7	3	2
7	4	5	3	6	8	2	9	1
2	6	9	4	5	1	8	7	3
8	1	3	9	7	2	4	6	5
4	7	2	6	9	3	1	5	8
9	5	8	1	4	7	3	2	6
1	3	6	2	8	5	9	4	7

Solution 115

7	4	1	6	9	3	2	5	8
3	8	9	5	2	1	6	7	4
2	6	5	7	8	4	1	3	9
9	1	6	8	5	2	7	4	3
4	2	3	9	1	7	5	8	6
5	7	8	4	3	6	9	1	2
1	9	4	3	6	5	8	2	7
6	3	2	1	7	8	4	9	5
8	5	7	2	4	9	3	6	1

Solution 116

9	7	2	8	3	6	5	4	1
1	6	5	7	2	4	9	3	8
4	8	3	5	1	9	6	7	2
5	1	8	9	6	7	4	2	3
7	2	4	3	5	8	1	9	6
6	3	9	1	4	2	7	8	5
8	9	1	2	7	5	3	6	4
2	5	6	4	9	3	8	1	7
3	4	7	6	8	1	2	5	9

Solution 117

2	4	6	1	9	7	5	8	3
8	1	3	6	2	5	7	4	9
7	9	5	4	3	8	1	6	2
4	7	8	3	5	1	2	9	6
6	3	1	9	4	2	8	5	7
5	2	9	7	8	6	3	1	4
9	8	2	5	7	4	6	3	1
1	5	4	2	6	3	9	7	8
3	6	7	8	1	9	4	2	5

Solution 118

5	9	4	2	7	8	3	1	6
8	2	6	1	3	5	4	7	9
3	1	7	9	4	6	2	8	5
1	6	8	4	5	7	9	2	3
4	3	9	8	1	2	6	5	7
2	7	5	6	9	3	1	4	8
7	4	3	5	2	9	8	6	1
6	5	1	3	8	4	7	9	2
9	8	2	7	6	1	5	3	4

Solution 119

8	3	9	2	6	1	7	5	4
7	2	4	9	5	3	8	1	6
1	5	6	8	7	4	2	3	9
6	7	2	1	4	9	5	8	3
4	8	5	7	3	6	1	9	2
3	9	1	5	8	2	4	6	7
9	4	7	3	1	8	6	2	5
2	6	8	4	9	5	3	7	1
5	1	3	6	2	7	9	4	8

Solution 120

7	4	3	6	2	1	8	9	5
6	2	8	7	5	9	1	4	3
1	5	9	3	4	8	2	7	6
8	7	5	2	1	3	9	6	4
9	1	4	8	6	7	3	5	2
2	3	6	4	9	5	7	8	1
3	6	7	5	8	2	4	1	9
5	9	2	1	7	4	6	3	8
4	8	1	9	3	6	5	2	7

www.ingramcontent.com/pod-product-compliance
Lightning Source LLC
Chambersburg PA
CBHW082108220526
45472CB00009B/2101
* 9 7 9 8 3 2 8 3 5 4 4 2 4 *